AF613730

CULTURE DE LA VIGNE

CULTURE

DE

LA VIGNE

PAR

M. GAUDAIS

(de Nantes)

Prix : 1 Fr.

VENDU AU PROFIT DES PETITES SŒURS DES PAUVRES

NICE

IMPRIMERIE V.-EUGÈNE GAUTHIER ET COMPAGNIE

1866

Nice. — Typ. V. Eugene Gauthier et Ce, descente de la Caserne, 1

INTRODUCTION

Un jour, il y a de cela quatre ans et un peu plus, parcourant les campagnes de l'arrondissement de Nice, je fus frappé, et même affligé, de l'état déplorable où, je voyais la vigne livrée sans défense aux ravages de l'oïdium depuis grand nombre d'années déjà. Je questionnai autour de moi; je demandai pourquoi les propriétaires, si soucieux d'habitude de leurs intérêts, n'avaient pas eu recours au soufrage pour conjurer le mal, comme on l'avait fait dans toutes les contrées vignobles. Partout il me fut répondu que le soufrage n'était qu'un vain palliatif, que c'était perdre son temps et son argent que d'en essayer.

Je cherchai à combattre cette antipathie pour le soufrage qu'éprouvait le paysan; je perdis mon temps et ma prose : ici, comme partout, cet homme est défiant et entiché de la manière de faire que lui ont léguée ses pères. Je compris que c'était aux propriétaires que je devais adresser mes conseils, mais en les appuyant de faits palpables. Je fis, en conséquence, venir quelques balles de soufre et décidai deux propriétaires à soufrer leurs vignes, leur garantissant un succès complet ; ils s'y prêtèrent avec une extrême réserve, habitués qu'ils sont à ne pas contredire leurs paysans, toujours un peu plus maîtres sur la propriété que leurs maîtres.

Enfin, le mois de septembre arriva et les vignes soufrées étaient ce qu'elles devaient être : belles, vigoureuses et chargées de raisins. Les propriétaires furent contents, les paysans cessèrent de rire, mais en faisant leurs réserves pour l'avenir : cette récolte étant une exception, la vigne ne devait pas être malade, et voilà tout.

C'est alors que, pressé par la Société d'Agriculture et d'Horticulture de Nice, je publiai une petite notice sur le soufrage et la manière de l'appliquer. — Ce petit opuscule pénétra vite dans toutes les Communes du département, grâce à la bienveillante sollicitude de M. le Préfet, et, l'année suivante, le soufrage prenait une extension grande ; aujourd'hui, il règne en souverain ; partout on l'applique, parce que ses heureux résultats, consacrés désormais par une pratique répétée, sont venus témoigner de son efficacité incontestable en réduisant considérablement le tribut que la consommation locale payait depuis quinze ans aux départements voisins. Encore donc un petit effort, et le pays, non-seulement suffira à ses besoins, mais sera appelé dans un avenir peu éloigné à fournir à son tour à ses voisins, non pas des vins communs, comme ceux qu'il en recevait; mais des vins de choix, que son sol et son climat le convient à produire.

Mais pour arriver là, pour atteindre un but si prospère, qui renferme tout l'avenir du pays, il importe de réformer la culture de la vigne, de la simplifier, de l'améliorer, en faisant en même temps disparaître tous ces cépages grossiers qui existent de temps immémorial au grand préjudice de la qualité des produits. Il importe encore de rompre franchement avec les routines d'un passé qui a fait son temps et que condamneraient assurément les viticulteurs d'alors eux-mêmes, s'il leur était donné de revivre et de juger des progrès qui se sont accomplis depuis qu'ils ne sont plus.

Je me suis donc imposé la tâche, toute désintéressée, de publier un petit traité sur la culture de la vigne dans ses conditions actuelles. Serai-je écouté, comme je l'ai été naguères pour le soufrage? Je le désire, c'est la seule récompense que j'ambitionne pour un travail qui va me faire sortir de mes habitudes actives et m'imposer, en outre, un sacrifice de temps, deux choses dont je suis infiniment avare.

Ce petit traité que je tiens à rendre aussi abrégé que possible, tout en lui conservant la clarté nécessaire pour qu'il soit à la portée de toutes les intelligences, est basé sur les préceptes établis par le Dr Jules Guyot, ce champion infatigable du progrès viticole, auquel la viticulture devra un jour le maximum de sa prospérité, en dépit de ces détracteurs quand même dont le monde fourmille, ennemis acharnés de tout ce qui n'est pas leur œuvre ou celle de leurs amis.

Ainsi, au Dr Jules Guyot le mérite de ce petit traité, si mérite il y a.

GAUDAIS.

Janvier 1866.

CULTURE DE LA VIGNE

CHAPITRE Ier

Préparation du sol. — Amendement.

Voyons tout d'abord comment on procède de temps immémorial à la culture de la vigne dans cette contrée si favorisée, sous tous les rapports, pour obtenir de cet arbrisseau des produits de premier ordre.

La vigne est plantée en files espacées entre-elles de 2 à 3 mètres, les ceps à 0m50 dans le rang. Les ouillères, ou jouelles, reçoivent alternativement du blé et des fèves, cultures de prédilection du paysan ; et, dans les ouillères, et aussi dans les files de ceps, se rencontrent des figuiers, des pêchers et autres arbres fruitiers et même des oliviers, véritable macédoine qui a pris naissance à cette époque de triste souvenir, où le pays, renfermé entre ses montagnes et sans rapports avec ses voisins, était obligé de produire un peu de tout pour satisfaire à ses besoins.

J'ai déjà combattu, et assez vivement, ce mode de culture vicieux au premier chef. J'ai dit et répété à satiété : que la culture du blé était ici un non sens ; que la houe, seul instrument aratoire possible à la montagne, avait dévoré le blé avant qu'il fut en fleur. J'ai dit et prouvé par des chiffres irrécusables : que le blé, ainsi obtenu, revenait au producteur à plus de cinquante francs l'hectolitre, quand le marchand de la localité le donnait à vingt francs. Mais ce mode de culture, quoique reconnu vicieux et improductif par le propriétaire et le paysan lui-même, n'en persiste pas moins, tant il est inféodé dans les habitudes de ce dernier, qui croirait mourir de faim s'il ne semait pas du blé entre les files de ses vignes. J'ai dit que la vigne sous les oliviers ne donne rien ou presque rien; que les racines de l'amandier la dévorent, enfin que tous les arbres fruitiers, en général, lui font un tort considérable et qu'elle même leur fait également tort; que le blé était aussi son ennemi à l'égal des mauvaises herbes dont l'extraction, toujours et partout, tant recommandée est une condition de prospérité pour elle. Tout cela est compris et approuvé, mais rien n'est changé, et il en sera toujours ainsi tant que le propriétaire ne sera pas maître chez lui.

Quelle que soit la configuration du sol, voici comment on procède à sa préparation et à la plantation de la vigne de ce côté-ci du Var et même au delà.

Quand le moment de planter est venu, le sol est défoncé à un mètre de profondeur. Au *fond* de cette tranchée, quelquefois préalablement garnie d'une couche de ramilles, broussailles, etc., on descend des chevelées préparées deux ans à l'avance avec les *premiers sarments venus;* on les espace de 40 à 50 centimètres dans la ligne; on comble la tranchée avec la terre qui en est sortie, on coupe le sarment, ainsi enfoui, à deux ou quatre nœuds, et tout est dit. On procède à la plantation d'une autre file à deux mètres de celle-ci, ainsi de suite.

Que d'erreurs, que de perte d'argent et de temps dans cette manière de faire! Pourquoi ce défoncement à un mètre pour un arbrisseau coureur de sa nature? pourquoi cette plantation à un mètre de profondeur pour un arbrisseau qui ne vit, qui ne peut vivre, comme tous les végétaux en général, que par ses racines les plus rapprochées de la surface du sol, c'est-à-dire partant de 0m25 ou 0m30 de celui-ci? Arrachez, après quelques années, un cep planté dans ces conditions, qu'avez-vous sous les yeux? Un chicot long de 0m70, noir et décomposé ou en décomposition, dépourvu de toute racine, de tout chevelu dans cette partie souterraine, et, au-dessus de ces 0m70, un paquet de chevelu et le départ des racines dont le végétal a tiré son existence jusqu'ici.

Pourquoi donc tant de sueur, tant de temps dépensés en pure perte à remuer si profondément le sol pour un végétal qui se contente de si peu? qui avec 0m30 végète bien et produit abondamment? Le temps, c'est de l'argent, et c'est en dépenser trois fois plus qu'il n'en faut en agissant comme on le fait (1).

Et ces ramilles enfouies au fond de votre tranchée d'un mètre de profondeur, pourquoi sont-elles-là? dans quel but? comme drainage? mais vous n'y pensez-pas. Le drainage, se comprend dans les lieux où l'humidité est surabondante, mais dans vos montagnes si sèches, à quoi bon? Est-ce comme engrais? Mais dans quel pays du monde enterre-t-on l'engrais à 1 mètre de profondeur? L'engrais ne remonte pas vers le sol: il tend toujours, au contraire, à descendre, dissous et entraîné

(1) « Aucun végétal, fût-ce un chêne, ne constitue l'origine de ses racines à 1 mètre sous terre; ses racines peuvent descendre à 1, 2 et 3 mètres, mais elles commencent à 20 ou 30 centimètres de la surface de la terre et elles s'enfonçent ensuite; jamais elles ne poussent du fond pour monter en l'air; tout arbre dont le collet serait planté a 1 mètre serait perdu. Pourquoi mettre la vigne dans cette position déplorable? » — Docteur Jules GUYOT.

qu'il est par les eaux pluviales. Les engrais, enfin, s'enfouissent à 15 centimètres environ de la surface de la terre, voilà le rationnel; mais à 1 mètre, ce n'est ni plus ni moins qu'une sottise; c'est jeter, en un mot, son temps et son argent au vent.

Il faut en finir avec ces vieilles et ruineuses routines que j'ai toujours combattues et que je combattrai jusqu'à la fin. Il nous faut créer des vignobles complets, c'est-à-dire sans cultures intercalaires, la vigne ne les aime pas ; elle aime à végéter en toute liberté ; elle aime à puiser dans le sol, sans partage, la nourriture dont elle a besoin ; à cette double condition, elle donne son produit maximum.

J'arrive maintenant à la préparation raisonnée du sol destiné à recevoir un vignoble, grand ou petit ; elle est des plus simples et des plus économiques.

Les gaz atmosphériques, si nécessaires, si indispensables à toute végétation, ne traversant jamais une couche de terre de plus de 40 centimètres, le sol destiné à notre plantation ne sera pas défoncé au delà. La vigne, je l'ai dit, se contente de peu, tous les sols qui se rencontrent dans notre département lui conviendront une fois qu'elle aura émis son système radiculaire (des racines) ; à la rigueur même, on pourrait s'abstenir de tout défoncement là ou le terrain était précédemment en culture autre que la vigne ; mais il est indispensable, et une bonne fumure préalable aussi, là où il y aura eu de la vigne *en plein* et sans repos ; le sol épuisé a toujours besoin d'être reconstitué, soit par le repos absolu, soit par des cultures amendables, soit enfin par une forte manipulation et beaucoup d'engrais.

Le terrain, défoncé ou non, suivant les cas précités, sera nivelé avec soin, et voilà tout. Il y a bien loin, on le voit, de cette simple et économique préparation à celle si coûteuse employée jusqu'ici.

Ce défoncement doit avoir lieu à l'automne ou dans le courant de l'hiver; l'automne est préférable.

Amendement. — Le défoncement terminé, il faut songer à préparer nu amendement convenable qui nous fera besoin pour notre plantation printannière. Cet amendement varie suivant la nature du sol à planter. Une terre bien meuble, passée à la claie, un peu meilleure que ce sol, suffit dans un bon terrain, une terre de prairie, par exemple, un terreau de feuilles mortes, etc. Pour les terrains pauvres ou fatigués, il conviendra de rendre ce premier amendement un peu plus substentiel. A cet effet, il sera bon de mêler à la terre de prairie, au terreau de feuilles, etc., des cendres de bois et un peu de guano en poudre, environ dix litres de ce dernier par mètre cube d'amendement. Dans le courant de l'hiver, ce compot sera remué une ou deux fois à la pelle, afin de le rendre bien homogène, bien meuble.

CHAPITRE II

Choix des Cépages

—

Du bon choix des cépages dépend la renommée du crû, et la renommée du crû fait souvent la fortune du propriétaire; on ne saurait donc apporter trop d'attention à cet objet. Les bons cépages donnent seuls les bons vins; les cépages grossiers, s'ils donnent quelquefois la quantité, ne donnent jamais qu'un vin commun. Or, comme la culture d'un cépage grossier exige tout autant de soins et de dépense que celle d'un cépage de mérite, pourquoi lui donner une place dans nos cultures? Ce serait contraire au bon sens le plus vulgaire, comme à nos intérêts; le mauvais ne saurait jamais que dénaturer le bon, en quelque petite quantité qu'il se trouve, et — je vous l'ai dit : — notre heureux climat nous convie à produire des vins de premier mérite; profitons-en pour nos nouvelles plantations; il restera toujours assez de vins communs pour la consommation courante.

Nous choisirons donc, parmi les plus fins cépages connus, celui ou ceux qui conviendront le mieux à la nature de notre sol et de notre climat, en nous gardant bien d'introduire dans nos plantations un trop grand nombre d'espèces, la pluralité des cépages n'étant jamais la condition voulue du mérite d'un bon vin, d'un vin à réputation. « Trois cépages, a dit le docteur J. Guyot, valent mieux que quatre, deux valent mieux que trois, » et les faits sont là pour établir la vérité de cette assertion.

Tous les fins bourgogne sont produits par le *pineau noirien seul ;* les vins de Montmélian, par la *mondeuse ;* les vins du Beaujolais, par le seul *petit gamay ;* les vins de champagne, par le *plant doré*, le *plant vert* et par *l'épinette blanche;* les grands vins du Médoc, par le *carbenet-sauvignon*, le *malbec*, le *verdot* et le *merlot.*

Suivons l'exemple qui nous est donné et bornons-nous donc à quelques espèces des plus méritantes et encore cultivons-les à part; que chaque cépage ait son carré ou ses files distincts; pas de plantation en mélange. Et la raison de cette séparation, la voici : c'est que, même dans les cépages de premier choix, il est des espèces à végétation vigoureuse et d'autres à végétation plus lente, comme il est des hommes forts et des hommes faibles ; or, la stérilisation totale ou partielle, qui se rencontre fréquemment dans les vignobles, n'a, le plus souvent, pas d'autre cause que ce rapprochement d'espèces diverses, le cep le plus vigoureux stérilise son voisin plus faible que lui : il lui dévore sa pitance.

Chaque cépage occupera donc son carré particulier ou ses files ; et, à l'époque de la vendange, il sera loisible au propriétaire de traiter chaque cépage à part ou de les réunir tous dans une même cuve.

Nous avons dit que la diversité des cépages était une cause d'infériorité dans les produits et qu'il fallait savoir se contenter de deux à trois bonnes espèces. Voyons donc à faire notre choix, soit dans les espèces locales, soit dans les espèces étrangères au pays.

Parmi les cépages cultivés dans le département, les seuls méritants à mes yeux, sont *la fuala,* espèce vigoureuse, très-fertile et donnant seule, ou réunie avec deux autres que je vais citer, un excellent vin (1). Le *braquet* nos 1 et 2, mais pas le no 3, c'est-à-dire le rosé. Enfin le *negron.* Le *pignerol* est encore un fort bon cépage, mais trop rare, peut-être, pour songer à en faire une plantation importante ; cependant, quelques files dans un vignoble ne pourraient que contribuer à la qualité du produit général.

---

(1) La Fuala est une cépage particulier à la localité. Ne le confondons pas, comme l'a fait si malheureusement la commission de la Société d'horticulture et d'agriculture de Nice, chargée l'an passé de la vérification des vignobles de l'arrondissement, avec la *Folle*, cépage détestable, qui ne fournit qu'un vin de chaudière. Sans doute la commission en question n'y a pas mis de malice ; elle a voulu seulement franciser un mot ; mais il n'en est pas moins vrai que le viticulteur qui aura lu son rapport, s'il savait que le vignoble visité était de ma création, aura conçu une triste idée de ma connaissance des cépages. Pour bien juger d'un vignoble, il faut être vigneron ou viticulteur ; comme pour faire bien un soulier, il faut être bon cordonnier ; sinon, on s'expose à cette critique amère de Figaro, briguant un emploi qui lui échappe : « Il fallait un calculateur, ce fut un danseur qui l'obtint. »

Parmi les cépages étrangers à la localité, mais qui méritent sous tous les rapports le droit de cité, je signalerai :

Le *pineau noirien*, de Bourgogne.
Le *carbenet-sauviguon*, de la Gironde.
La *mondeuse*, de la Savoie.
La *petite syra*, de l'Hermitage.

Et pour les vins blancs :

La *rouxane*, de l'Hermitage.
Le *pineau blanc*, de Bourgogne.
Le *semillon* et le *sauvignon* blancs, de la Gironde.

Nous avons là de quoi choisir et quelles que soient les deux ou trois espèces que nous prenions, nous sommes assurés de faire un vin de premier mérite et de posséder des cépages qui s'accommoderont parfaitement de la nature de notre sol et de la taille que nous leur destinons.

Et, en effet, si du choix du cépage dépend la qualité future du vin, ce qui est incontestable et incontesté, pourquoi n'obtiendrons-nous pas aussi bon que ces voisins dont nous empruntons les cépages? Qu'avons-nous à leur envier de plus? Leur sol? Le nôtre est aussi bon et éminemment propre à la culture de la vigne. Leur soleil, cet agent principal de toute bonne qualité? Nous en sommes plus riches qu'eux. Leur mode de culture? Le progrès est pour tous, il n'est plus confiné dans une province seule. Nous produirons donc au moins aussi bon qu'eux, sinon supérieur, et nous produirons bon chaque année, parce que nous avons toujours du soleil à revendre, tandis que nos voisins ne voient sortir du bon de leurs cuves qu'autant que ce soleil a bien voulu leur accorder ses indispensables faveurs, ce qu'il ne fait pas tous les ans au même dégré, bien s'en faut.

A l'œuvre donc avec confiance; n'oublions pas que l'Italie est le berceau de la vigne et avant dix ans nous fournirons à la consommation de la France ses vins les plus généreux et les plus fins.

CHAPITRE III

Multiplication de la Vigne

On multiplie la vigne par boutures simples, par chevelées ou par plants enracinés.

La bouture simple est un sarment de l'année coupé sur un cep et mis en terre sans racine.

La chevelée est un sarment provigné.

Le plant enraciné est une bouture simple qui a pris racine en pépinière un an ou deux avant sa plantation à demeure.

Je ne m'occuperai que de la bouture simple, parce qu'elle seule assure une récolte dès la deuxième année de plantation, récolte, bien entendu, plus ou moins importante, suivant le sol et les soins apportés dans sa culture. Mais que sera cette bouture? Quelle sera son importance, et dans quelles conditions la mettrons-nous à la place qu'elle est appelée à occuper jusqu'à sa mort? C'est ce que nous allons essayer d'expliquer.

Tous les végétaux se multiplient de semis ou de boutures. Si vous semez un pépin de raisin, que se passe-t-il? Ce pépin, comme celui d'une poire, d'une pomme etc., comme toute graine du premier végétal venu, ce pépin lève plus ou moins promptement. D'une part, sa tigelle sort de terre au travers des cotylédons qui l'ont précédée dans l'acte de la germination ; — d'autre part et à l'opposé, se développe la radicule, ou racine, qui pénètre dans le sol. La tigelle devient tige, et sur cette tige apparaissent les mérythales, ou nœuds ; c'est le sarment. De son côté, la radicule s'est allongée, est devenue racine et celle-ci s'est ramifiée.

Voilà donc le mésophyte, ou pivot, de notre petite plante établi, et établi à la *surface du sol* ou à peu-près ; notez bien ceci, j'y reviendrai.

Si au lieu de semer, vous bouturez un végétal quelconque,— mode de multiplication,vous ne l'ignorez pas, fort usité précisément à cause de ses bons résultats et de sa promptitude à former des sujets, — que se passe-t-il? Le petit rameau herbacé ou ligneux que vous avez détaché de ce végétal et qui a été enterré *d'un centimètre* ou deux, au plus, a developpé à sa base des petites radicelles qui se sont allongées et sont devenues bientôt de véritables racines, pendant que les yeux dudit rameau qui étaient hors de terre se sont développés aussi et en même temps, et sont devenus ou deviendront de véritables branches.

Ici, comme dans le végétal provenu de semis, le mésophyte, ou pivot, est bien tranché ; il existe, lui aussi, à la surface du sol ou à peu près ; et ce végétal va grandir, va devenir un arbrisseau ou un arbre de haute taille, suivant sa nature; mais l'un et l'autre parfaitement constitué.

Pourquoi donc prétendre que la vigne, arbrisseau si rustique, d'une si puissante végétation, dont les tissus spongieux se prêtent si merveilleusement au bouturage, doive être traité si différemment que les autres végétaux plus rebelles qu'elle à la multiplication ? qu'elle doive, pour réussir, être enfouie à *un mètre* de profondeur et encore le plant préparé un an ou deux à l'avance ?

Puisque le mésophyte, le pivot, si vous l'aimez mieux, naît à la surface du sol, que le végétal provienne de semis ou de bouture, pourquoi l'enfouir à 1 mètre de profondeur? pourquoi l'étouffer ainsi alors qu'il a besoin de beaucoup d'air pour acquérir tout le développement qui lui est assigné dans l'ordre de la nature ? Et quand nous savons que les gaz atmosphériques, que l'air enfin, même à son maximum de pression, ne saurait traverser une couche de terre de plus de 30 à 40 centimètres d'épaisseur, pourquoi aller au-delà? Tout végétal dont vous placerez le mésophyte, qui est le point de départ des racines, au-delà de cette couche, est condamné à mourir d'inanition. Et ne voyez-vous pas qu'en mourant, cette partie souterraine va apporter aussi la mort dans la partie supérieure ou tout au moins l'affaiblir considérablement et la stériliser en partie ou totalement ? Et si le végétal, ainsi traité, a résisté, s'il n'est qu'affaibli, déterrez-le et vous reconnaîtrez tout de suite que, s'il vit encore, c'est qu'un nouveau mésophyte s'est formé à l'un des yeux les plus rapprochés du sol, qui a donné naissance à de nouvelles racines qui n'existaient certainement pas en cet endroit au moment de la plantation, puisque tout le système radiculaire qui existait alors vous l'avez placé au fond de votre tranchée ; mais ce nouveau mésophyte n'aura jamais la vigueur qu'aurait eu le premier placé dans de bonnes conditions, attendu qu'il a un ver rongeur à sa base, qui l'énerve : le chicot mort (1).

---

(1) La plantation profonde n'est qu'une erreur perpétuée par la routine : si le vigneron, à mesure qu'il remplit sa fosse, détruisait chaque année les colliers qui se forment au-dessus des racines primitives et profondes, il verrait bientôt périr sa vigne, et constaterait

La plantation en chevelée ou en plant enraciné enfouis à 80 centimètres ou 1 mètre doit donc être rejetée comme un non sens. La plantation en chevelée ou en plant enraciné à la surface du sol ne mérite pas plus de confiance, si l'on recherche une fructification prompte. Et, en effet, la chevelée ou le plant enraciné sont plus ou moins mutilés lors de l'arrachage : c'est inévitable à cause du rapprochement des sujets dans la pépinière ou ailleurs ; il en résulte que, pour se reconstituer, pour cicatriser ses blessures, il faudra au moins un an à notre végétal. On aura donc perdu trois ans ! savoir : deux ans pour produire le plant et un an pour le reconstituer. Ce ne sera alors qu'à la quatrième année qu'il montrera ses fruits; c'est bien tard. Il est possible de faire mieux, nous allons le voir bientôt.

Loin de nous donc tous ces modes vicieux de multiplication ; revenons à la nature, écoutons ses conseils, c'est une bonne et généreuse maîtresse qui ne nous fourvoiera pas, assurément. Eh bien ! puisqu'elle crée tous les végétaux par la voie des semis, puisque dans l'intention de hâter nos jouissances elle nous a enseigné aussi à produire des arbrisseaux et des arbres parfaits au moyen du bouturage, suivons ses conseils, bouturons la vigne, mais bouturons-là, comme elle nous l'enseigne, afin d'éviter toute perte de temps, car le temps c'est de l'argent, vous ne l'ignorez pas.

Boutures, Choix à faire, Stratification. — Au moment de la taille, et aussitôt que possible, on choi-

---

ainsi la faiblesse et l'impuissance des racines venues sur le sous-sol ; mais il n'en fait rien et il a raison ; sa vigne marche, cela lui suffit ; seulement, il croit qu'elle prospère par les racines inférieures, tandis que c'est par les racines nouvelles et supérieures. Mais son travail dispendieux a toujours retardé et souvent compromis le succès.

Dr J. Guyot.

sira des boutures sur des sarments bien aoûtés de l'année; — pas de talons de vieux bois surtout. Nos sarments destinés aux boutures seront coupés de 30 à 35 centimètres de long; leur base coupée bien net immédiatement au-dessous d'un œil bien constitué. La provision nécessaire ainsi préparée, on ouvrira dans un endroit un peu frais, sans être humide, une fosse de 50 centimètres de profondeur, large de 40 et d'une longueur proportionnée à la quantité des boutures.

Le fond de la fosse bien nivelé, l'une des parois, celle de devant, bien dressée, les boutures y seront couchées côte à côte sans superposition, le talon de chaque bouture appuyé contre la paroi dressée à cet effet. Le fond de la fosse garni dans toute son étendue, on recouvrira ce premier plan de trois centimètres de terre environ, provenant du déblai, mais bien ameublie, purgée de pierres et autant que possible additionnée d'un peu de sable ; cela fait, on procédera à la formation d'un second rang de la même manière que pour le premier, ainsi de suite. La fosse remplie, on recouvrira le tout de 15 à 20 centimètres de terre, on pressera un peu la surface avec le dos de la bêche et les boutures resteront là en stratification jusqu'au moment de la plantation.

CHAPITRE IV

Plantation des boutures stratifiées, tracé du terrain.

Une bouture de vigne livrée à la terre avant que celle-ci ait été réchauffée par les rayons bienfaisants du soleil du printemps est vouée à une mort certaine : obligée de vivre dans un milieu froid et humide, son bois, spongieux à l'excès, pompe l'humidité du sol et pourrit bientôt, car s'il n'y a pas de végétation possible sans humidité, elle est impossible aussi sans chaleur ; ces deux agents ne peuvent être isolés sans danger pour la réussite de la bouture.

L'usage, dans l'intérieur de la France, est de faire les boutures vers la deuxième quinzaine de mai. Ce serait trop tard dans nos contrées méridionales. L'humidité, cet agent indispensable dont je viens de parler, nous ferait défaut; et la chaleur, souvent très-vive à cette époque, dessécherait nos boutures. On commencera donc la plantation des boutures stratifiées dans la deuxième quinzaine de mars, pour la terminer, au plus tard, dans les premiers jours d'avril ; nous aurons ainsi cette chaleur continue si favorable au rameau qui crée ses organes.

Tracé du terrain destiné à la plantation. — Le terrain destiné à la plantation a été, comme nous l'avons vu, défoncé et nivelé à l'automne ou dans le courant de l'hiver ; si des herbes ont poussé depuis, elles devront être enlevées avant de procéder au tracé.

Il nous faudra, pour cette opération, des cordeaux et un T formé par l'assemblage à angle droit de deux règles en sapin.

La première ligne sera parallèle à la route, et indiquée par un cordeau placé à 50 centimètres du bord de celle-ci. Sur cette ligne sera posé le T dont la tige perpendiculaire indiquera la direction à donner à la première ligne transversale, qui sera également marquée à demeure par un deuxième cordeau, et qui partira de l'une ou de l'autre extrémité du terrain et à 50 centimètres de sa rive; voilà nos deux lignes de repère. Il ne s'agit plus maintenant pour terminer notre tracé que de tirer des lignes de mètre en mètre sur les cordeaux de nos repères et toujours perpendiculaires à ceux-ci, et nous aurons des carrés parfaits de 1 mètre de côté, dont les quatre angles indiqueront la place que devront occuper les boutures.

Il demeure bien entendu que ce tracé se rapporte à un champ de moyenne étendue; s'il s'agissait de la création d'un grand vignoble, comme celui-ci nécessiterait des routes et des sentiers intérieurs pour le service, notre tracé serait celui de l'un des carrés du grand vignoble, et tous les autres semblables ou à peu près, suivant en cela la configuration du terrain, qu'il est impossible de préjuger à l'avance.

Habillage des boutures avant la plantation. — Quelques-uns de nos sarments auront très-probablement développé quelques radicelles pendant leur stratification; peut-être aussi quelques bourgeons dans leur partie supérieure. Ceux-ci disparaîtront à l'air, mais il en poussera bientôt de nouveaux par le développement des sous-yeux ; ne nous en inquiétons pas. Quant aux radicelles, s'il y en a, c'est un bienfait dont nous profiterons.

Les boutures extraites de la fosse à stratification, suivant les besoins de la plantation, seront confiées à une femme, qui enlèvera prestement avec la lame d'un couteau ou d'une serpette trois ou quatre lanières d'écorce entre le premier et le deuxième nœud du talon de la bouture, si les nœuds en sont éloignés ; mais s'ils étaient très-rapprochés, comme cela a lieu dans certains cépages, la décortication s'opérerait entre le premier nœud et le deuxième, et entre celui-ci et le troisième, soit sur les deux mérythales de la base. Cette opération devra être faite avec attention, les yeux pas plus que la partie ligneuse du sarment ne doivent être atteints.

La bouture, habillée comme il vient d'être dit, sera plongée immédiatement dans un baquet contenant une bouillie *épaisse*, composée de moitié bouse de vache et moitié argile ou terre glaise, le tout bien malaxé, bien divisé ; le baquet ou le seau rempli de boutures non pressées sera mis à la disposition du planteur, et la femme continuera son opération dans un deuxième baquet, ou seau.

Atelier de plantation et plantation. — L'atelier de plantation se composera de deux hommes, deux femmes et un enfant.

1° Un ouvrier, armé d'une houe (sape) ou d'une bèche, qui ouvre des trous à chaque point d'intersection des cordeaux, de 40 centimètres de longueur, 20 centimètres de largeur, et 30 centimètres de profondeur ;

2° Une femme, qui apporte l'amendement dans une corbeille qu'elle dépose devant le planteur, et va en chercher une autre ;

3° Un enfant, qui apporte le plant que lui a livré la femme chargée de la décortication, et en dépose un dans chaque trou, mais seulement au fur et à mesure des besoins du planteur ;

4° Une femme, qui apporte le fumier dans une corbeille qu'elle dépose devant le planteur, et va en prendre une autre ;

5° Un planteur, qui enlève la bouture du trou, s'assure que celui-ci est en rapport avec la longueur de la bouture, qui ne doit jamais être enterrée au-delà du troisième nœud, s'ils sont rapprochés, au-delà du deuxième s'ils sont éloignés, comme cela se rencontre chez certains cépages. Ce qui revient à dire que, dans aucun cas, la plantation à 25 centimètres ne doit être dépassée, mais qu'elle peut avoir lieu à 20 centimètres et même à 15, si la conformation de la bouture l'exige, c'est-à-dire si les nœuds en sont plus ou moins rapprochés. Si le trou se trouve trop profond, le planteur y fait descendre de la terre voisine autant qu'il en faut pour le mettre en rapport avec la longueur de la bouture, en tenant compte de l'épaisseur de la couche d'amendement sur laquelle il aura à asseoir sa bouture. Il prend alors dans la corbeille le tiers environ de l'amendement qu'il doit employer (1), il le dépose au fond du trou, place *dessus* et bien droite la bouture, verse le restant de l'amendement sur la partie décortiquée de celle-ci, qui doit en être recouverte entièrement, puis quelques centimètres de la terre voisine aussi meuble que possible, qu'il presse légèrement avec la main; dépose sur cette dernière couche une bonne poignée de fumier d'étable bien consommé, qu'il doit éviter de mettre en contact direct avec la bouture; recouvre le fumier d'une nouvelle couche de terre de cinq centimètres au moins d'épaisseur, et *presse fortement* autour de la bouture à l'aide d'un rouleau, ou pilon, en bois préparé à cet effet, long de 40 à 50 centimètres de diamètre, sur 5 à 6 centimètres, en évitant avec soin dans cette opération que des pierres, même petites, se rencontrent entre son pilon et la bouture qu'elles pourraient déchirer. Quand le scellement est bien opéré tout autour de la bouture, quand celle-ci est immobile et résiste à la traction, le planteur ramène la terre d'alen-

(1) Savoir un litre dans les bons terrains, 2 litres dans les médiocres.

tour sur le trou, pour le niveler avec le sol, et passe à un autre trou.

Dans cette opération, si elle est bien conduite, nous avons : au fond du trou, 3 centimètres d'amendement pour asseoir la bouture, 5 centimètres d'amendement et de terre pour couvrir sa partie décortiquée et un peu plus, 4 centimètres de fumier, 6 centimètres de terre pour le scellement, enfin 2 centimètres de terre pour le nivellement du trou, en tout, 20 centimètres.

En doublant l'atelier, c'est-à-dire en plantant deux rangs à la fois, on économise une femme et un enfant, les deux premiers pouvant sans fatigue servir deux planteurs.

Ce que je viens de dire, le rôle qu'a joué ci-dessus le planteur, démontre toute la plantation des boutures simples en place ; je n'y ajouterai rien, ce serait, à mes yeux, superflu, le moins intelligent ayant dû me comprendre.

La plantation terminée, toutes les boutures seront ravalées au sécateur sur l'œil le plus rapproché de terre, que l'on *recouvrira de 2 à 3 centimètres* de terre légère, ou mieux de sable, ce qui serait une dépense insignifiante. Enfin, le terrain sera nettoyé et ratissé pour lui donner un air de propreté, ce qui ne nuit en rien à la plantation et doit flatter l'amour-propre du propriétaire.

Petite pépinière de remplacement. — Malgré tous les soins apportés à la plantation de nos boutures, nous en perdrons plus ou moins, suivant le terrain auquel nous aurons eu affaire ; il importe donc de se mettre en mesure de combler les vides à l'automne, et pour cela, aussitôt la plantation terminée, nous établirons avec le restant de nos boutures une petite pépinière que nous appellerons *pépinière de remplacement*, à l'établissement de laquelle nous procéderons comme il vient d'être dit pour la plantation à demeure, sans nous en *écarter en aucun point*, si ce n'est dans la distance des boutures entre elles, qui sera, non comme cela se pratique d'ordinaire, de 5 à 6 centimètres, mais bien de 25 centimètres au moins dans le rang et les rangs espacés entr'eux de 60 centimètres; les racines de nos boutures s'étendront plus à l'aise dans cet espace, et l'arrachage en sera plus facile et moins meurtrier pour elles; nous aurons alors un plant de choix qui, avec quelques soins, aura bientôt atteint le développement des boutures réussies.

CHAPITRE V

Soins à donner aux boutures dans le le cours de l'été qui suit leur plantation.

Trois ou quatre binages très-superficiels seront nécessaires pour détruire les herbes et faciliter la pénétration dans le sol des gaz atmosphériques. De pinçages, point; d'épamprages, de rognages, point; la jeune vigne a besoin, pour bien se constituer, de toute son infoliation, agent principal et indispensable de la constitution d'un bon système radiculaire.

Quand les boutures se seront développées, qu'elles auront atteint une longueur de 25 à 30 centimètres, il sera bon de leur donner un petit tuteur, une canne, par exemple, pour leur faire prendre une position verticale;

les pousses seront attachées sans pression à leurs tuteurs.

Il arrive cependant quelquefois que dans des terrains riches, et avec des cépages vigoureux, les boutures se développent avec rapidité, et qu'elles dépassent bientôt le tuteur qu'on leur a donné ; tant mieux : dans ce cas (cas qu'il est facile de prévoir au début de la végétation), on n'aura conservé aux boutures favorisées que *deux pousses*, les plus belles, qui seront pincées dès qu'elles auront atteint un mètre, et qui seront pincées de nouveau à 1m25 ou 1m30 c., si elles arrivent là, ainsi que tous les faux bourgeons qui se seront développés après le premier pincement, mais *ceux du sommet seulement et à deux feuilles ;* tous les faux bourgeons sortis dans la partie inférieure et médiane des sarments seront conservés. Tous les soins à donner aux boutures dans le cours de l'été se bornent là.

A la fin de l'automne et aussitôt la chûte des feuilles, on procèdera au remplacement des boutures non réussies, au moyen des plants enracinés de la pépinière de remplacement, en ayant soin de donner la préférence aux plus vigoureux, sans s'arrêter à l'ordre du rang où ils se trouvent, et l'arrachage en sera fait avec tout le soin possible, de manière à conserver intactes les racines, condition si importante pour la reprise.

Opération. — Le planteur, après vérification du plant, dont il raffraîchira les racines mutilées, s'il y en a, mais celles-là seulement, ouvrira un trou à la place de l'ancien, assez grand pour recevoir librement la nouvelle bouture ; il en étendra les racines sans coudes, sans contrainte, sans enchevêtrement, et à la profondeur qu'avait la bouture enracinée dans la pépinière, ce que lui indiquera le collet de la plante ; il recouvrira ensuite toutes les racines d'un bon amendement, qu'il insinuera avec les *doigts* entre le chevelu ; mais il se gardera bien de soulever et abaisser le plant, comme cela se pratique trop souvent, fausse manœuvre qui cause presque toujours le déchirement de quelques racines, jamais trop nombreuses en ce moment-là. Toutes les racines étant garnies et couvertes par l'amendement, le planteur ajoutera par-dessus 5 à 6 centimètres de terre ordinaire, un kilogramme, au moins, de bon fumier, qui ne devra pas toucher la tige du plant, puis de la terre pour arriver au niveau du sol, en ménageant autour du pied du plant un petit bassin dans lequel il versera deux ou trois litres d'eau.

Ici finit le travail de la première année.

CHAPITRE IV

2me année

Orientation du vignoble. — Taille. — Palissage

—

Avant de passer à la première taille de notre vigne, il faut songer à l'orientation du vignoble ; car, après la taille, viennent l'inclinaison et le palissage, opérations qui procèdent de l'orientation des files de ceps.

Nous voici en présence d'une question vivement agitée parmi les viticulteurs, question importante, sans doute, dans les contrées où le soleil est avare de ses faveurs, mais qui ne saurait avoir ici qu'une importance fort secondaire, excepté pour la montagne, là où on voudrait établir un vignoble au-delà de la limite des oliviers. Laissons parler le docteur J. Guyot, notre savant professeur :

« Avant d'établir les routes de service et le parallé-
« lisme des lignes de ceps, une question très-grave aura
« dû être irrévocablement résolue. Quelle sera l'orien-
« tation des lignes de ceps?

« Théoriquement, la meilleure est la direction *nord-*
« *sud*, parce que les lignes de ceps reçoivent l'insolation
« *est* et *ouest*, et qu'aux heures voisines de midi le
« soleil frappe la terre nue qui les sépare, de façon à
« l'échauffer le plus possible. Dans la direction *est* et
« *ouest* des lignes, une partie de la terre est toujours
« dans l'ombre projetée des ceps, et les fruits placés au
« nord du palissage sont eux-mêmes privés de soleil.

« Mais les conditions de routes préexistantes, de
« pentes de montagnes ou de rampes, peuvent con-
« traindre à varier les directions. Ces directions peu-
« vent donc passer du *nord* à l'*est*, au *sud* et à l'*ouest*.
« Mais elles ne doivent jamais affecter les directions
« passant de l'*est* au *sud* pour incliner de l'*ouest* au
« *nord*, du moins en France, où l'expérience a prouvé,
« de temps immémorial, que les expositions à l'*ouest* et
« au *nord*, la première plus encore que la seconde,
« étaient les plus mauvaises expositions de la vigne. »

Maintenant, rentrons dans notre sujet au point de vue de la contrée.

Tout vignoble confine à une route, à un chemin déjà existant, qui ne saurait être déplacé sans grand dommage et sans de très-grands frais, toutes choses dont il faut bien tenir compte, et c'est ce que nous avons fait au moment de la plantation. Et si ce chemin a une orientation malheureuse, nous ne pouvons que la modifier en un sens, savoir : établir nos files de ceps *perpendiculairement* à la route, au lieu de les établir *pa-*

rallèlement, en choisissant celle de ces deux directions qui se rapprochera le plus de la bonne, soit du *nord-sud*, et nous confiant pour le reste à l'astre bienfaisant qui nous regarde rarement de travers.

L'année qui suit la plantation devient déjà intéressante. Si les préceptes donnés ci-dessus ont été rigoureusement suivis, et si le terrain planté était de bonne qualité, toutes les boutures réussies doivent avoir développé des pousses de plus d'un mètre (1), et le pied avoir grossi en proportion. Dans d'aussi favorables conditions, il n'y a pas à hésiter, il faut demander à notre jeune vigne de nous faire connaître ses fruits, mais en lui appliquant une taille en rapport avec la vigueur de chacun de ses ceps.

Taille. — Chaque contrée viticole a une taille qui lui est propre. Dans le nombre il en est de bonnes, assurément, mais nous n'en mentionnerons aucune; cela nous entraînerait trop loin et nous écarterait de notre sujet, puisque nous n'en admettons qu'une seule : celle préconisée par le docteur J. Guyot et connue aujourd'hui sous la dénomination de taille type, qui a pris naissance dans le département de la Moselle.

La vigne est un arbrisseau d'une puissance végétative qui n'a pas de limite; plus il s'étend, plus sa vigueur augmente. Qui n'a pas vu de ces ceps séculaires étalant fièrement aux yeux étonnés du passant leurs innombrables grappes vermeilles, suspendues tout au sommet d'arbres séculaires comme eux, mais moins vigoureux qu'eux? Et cette vigueur extrême s'explique aisément. Le système radiculaire étant toujours en rapport direct avec le système foliacé qui lui donne l'exis-

(1) J'en ai obtenu en 1864 et 1865 de plus de 2 mètres chez moi et aussi chez M. Jaume, à Sainte-Hélène.

tence, plus ce dernier est puissant, plus le premier le devient. Et arrivé à cet état, une fois constitué sur cette base, ce système radiculaire demande à être utilisé, il veut produire et produire beaucoup; et si vous l'arrêtez dans son essor, vous le tuez : il meurt de marasme et d'indigestion.

Cette vitalité de la vigne bien comprise, il fallait l'utiliser avec intelligence, cesser de lui demander du bois comme le faisaient les tailles anciennes, comme le font malheureusement encore bon nombre de tailles en vogue, mais bien du fruit; et du fruit, autant qu'elle pouvait en donner sans fatigue; car, enfin, la vigne n'est cultivée nulle part, que je sache, pour produire des javelles, mais bien du vin. Sachons donc utiliser cette vigueur qui est en elle et qu'elle consomme, en plus d'une contrée encore, à produire des sarments, et faisons lui produire du fruit; le travail pour elle sera le même et pour nous il sera une source d'abondance.

La taille type remplit la condition cherchée, elle sait faire tourner au profit des raisins toute la sève produite, tout en ménageant au cep le bois nécessaire à sa vigoureuse existence; c'est ce que nous allons essayer de démontrer par l'opération même de la taille.

Examen fait du premier cep de notre jeune vignoble, s'il est reconnu bien et solidement constitué, comme je l'ai dit plus haut, si ses pousses ont atteint la longueur désirée de plus d'un mètre, si elles ont au moins un centimètre et demi de diamètre à la base, l'un des deux sarments, celui de gauche ou celui de droite, suivant la direction donnée aux files de ceps, sera taillé à 50 centimètres; ce sera la branche à fruit; laquelle sera toujours, ou autant que possible, fournie par le sarment le plus élevé du cep. Le deuxième sarment sera taillé en courson à 2 yeux et constituera la branche à bois appelée à fournir le bois pour l'année suivante.

Tous les ceps de la force de ce premier recevront la même taille; celle des autres sera modifiée suivant leur constitution, et réduite à 40, à 30 et à 20 centimètres, suivant le cas.

La branche à bois sera taillée invariablement à deux yeux.

Quant aux ceps restés faibles, s'ils ont deux sarments, le plus faible sera jeté bas, l'autre sera taillé à 2, 3 ou 4 bons yeux suivant sa force, afin de commencer la tige du cep : cette dernière taille sera appliquée aux ceps de remplacement de l'automne dernier.

Voilà la taille type dans toute sa simplicité; elle est bien, comme nous l'avons dit en commençant, à la portée des moins intelligents, et ce n'est pas un petit mérite. Une objection va m'être faite, je m'y attends bien et je m'empresse de prendre les devants. Quoi? nous dira-t-on, vous demandez du fruit à votre vigne après douze mois de plantation! Mais c'est impossible.

Non, ce n'est pas impossible, et c'est là précisément l'avantage que vous présente notre mode de bouturage, et bon nombre d'entre vous ont pu le constater chez moi cette année et aussi, sur une plus grande échelle, chez M. Jaume, à Saint-Hélène, et il y a trois ans, et il y a deux ans encore, chez M. le baron de Zulyen, à Saint-Etienne. Vous voyez que ce n'est pas du tout à fait nouveau et que les preuves en sont faites; or, ce que nous avons obtenu depuis quatre ans, pourquoi ne l'obtiendrez-vous pas aussi si votre sol est bon et si vous suivez nos instructions à la lettre? Car, nous ne vous dissimulons rien, absolument rien, nous vous disons tout ce que l'expérience nous a appris.

Mais il n'en sera pas tout à fait ainsi, bien entendu,

si votre sol est de mauvaise qualité, les pousses de vos ceps ne vous permettront pas d'aller si vite que nous, et vous serez obligé de remettre à un an la demande de fruit que nous avons faite, nous, à douze mois. En ce cas, votre taille sera celle appliquée à nos ceps faibles et à nos ceps de remplacement.

En terminant ce chapitre sur la taille des sarments de la vigne, je ne puis garder le silence sur une innovation, pas bien ancienne encore, mais qui peut avoir son importance, là où les gelées printannières sont à craindre.

L'usage qui a prévalu jusqu'ici est d'opérer la section du courson, quel que soit le mode de taille suivi, immédiatement au-dessus de l'œil choisi, c'est-à-dire à 1 ou 2 centimètres de cet œil. Aujourd'hui quelques viticulteurs, et des plus habiles, font cette section sur la cloison qui sépare cet œil de son voisin supérieur et que la taille fait tomber. Cela paraît tout d'abord très-rationnel, exemple : si l'on fend un sarment par le milieu, que voit-on? Une séparation tranchée entre chaque œil et à la naissance même de cet œil; c'est une véritable cloison qui établit une solution de continuité dans la partie médullaire du sarment, qui se trouve ainsi divisée en autant de section qu'il y a d'yeux sur le sarment. Chaque section médullaire qui est au-dessus d'un œil semble donc appartenir à cet œil et être nécessaire à ses fonctions, et l'on est porté à craindre qu'en coupant cette section médullaire par la moitié ou à peu près, comme cela se pratique ordinairement, on ne nuise au développement de cet œil ou tout au moins on ne l'affaiblisse.

Le lecteur adoptera ce nouveau mode de taille s'il le juge convenable. Quant à moi, je dois déclarer que j'en ai fait plusieurs applications suivies et que je n'en ai pas constaté les bons effets signalés. Je crois même qu'il n'est pas inutile, pour l'équilibre de la végitation d'un cep, d'enlever à l'œil supérieur d'un courson un peu de la vigueur que lui assure sa position élevée; vigueur telle, parfois, que l'œil inférieur s'en trouve affaibli, ce qui est fâcheux, car l'importance de celui-ci est au moins égale à celle de l'autre, puisque c'est lui, dans la plupart des cas, qui est appelé à fournir la branche à bois de l'année suivante.

Palissage et échalassage. — La taille terminée, il faut songer à l'échalassage, opération de première importance; car l'échalas, c'est du vin, ne l'oublions pas; une vigne non échalassée en produit bien moins, elle n'est pas là dans sa position normale; rappelez-vous ces vieux ceps couronnant la cîme de vieux arbres: il lui faut de l'air, beaucoup d'air et de liberté aussi.

Deux modes de palissages sont en présence et les deux ont leurs partisans: l'ancien veut un tuteur en bois de 1m30 à chaque cep, soit *dix-mille* à l'hectare, et ces échalas sont fichés et défichés chaque année, la pointe refaite chaque année, et leur remplacement s'élève bien à un quinzième chaque année; enfin deux rangs de cannes placés horizontalement pour le palissage des branches fruitières, soit pour l'hectare 40,000 mètres. Voilà bien des frais qui, réunis, forment un chiffre bien rondelet et que je laisse aux propriétaires le soin de fixer s'ils en ont tâté.

L'autre mode, qui ne remonte pas à plus de trente ans, se compose de deux lignes de fil de fer galvanisé no 10 ou 12, la première à 25 centimètres du sol, la seconde à 55 centimètres, tendues solidement sur deux forts piquets placés aux deux extrémités des lignes de ceps, lesdits piquets légèrement penchés en arrière et maintenus par une amarre en fil de fer partant de leur sommet, et fixée sur une pierre enfouie à 40 ou 50 centimètres dans le sol, à 80 centimètres du pied des piquets, plus d'une série de petits piquets placés à 10 mètres les uns des autres dans les lignes, sur lesquels posent les fils de fer, retenus par une pointe. Ce mode de palissage, *indestructible*, nécessite bien peu d'entretien s'il a été bien fait, et coûte moins cher que l'ancien ; quelques chiffres vont le prouver.

Soit un terrain de 200 mètres de longueur sur 50 mètres de largeur, ce qui fera un hectare.

Nous aurons 200 files de ceps de 50 mètres chacune à palisser, opération qui se décomposera ainsi :

A 2 forts piquets de tête par file, long de 1 mètre sur 6 centimètres d'équarrissage, 400 piquets à 25 francs le cent.	Fr.	100 »
A 1 carasson (ou petit piquet de $0^{m}05$ sur $0^{m}05$) par 10 mètres dans les files, 4 par file, soit 800 pour les 200 files, à 15 francs le cent.	Fr.	120 »
2 lignes de fil de fer galvanisé, nº 10, par ligne du ceps, 100 mètres par ligne, soit pour les 200 lignes 20,000 mètres, pesant, à 75 mètres par kilogramme, 266 kilogr., disons 275 chiffres rond, qui, à 1 franc le kilogr., coûteront.	Fr.	275 »
1 paquet pointes pour fixer les fils de fer sur les carassons	Fr.	3 50
10,000 cannes de $1^{m}20$, une par cep.	» »	20 »
TOTAL . . .	Fr.	518 50

Ce qui représente, en intérêts à 5 pour cent pour chaque année, une somme de 26 francs, soit à peu près un demi hectolitre de vin.

Notre vigne étant taillée, les fils de fer tendus, ou les échalas fichés en terre, les cannes horizontales en place, la branche fruitière est couchée sur le premier fil de fer, ou le premier rang de cannes, et attachée sur deux points différents avec de l'osier; la taille d'hiver est finie. Il ne reste plus qu'à donner un premier binage à 10 centimètres de profondeur, pour détruire les herbes qui ont poussé, et à attendre la végétation.

CHAPITRE VII

Soins à donner dans le cours de l'été de la deuxième année.

Ce n'est pas assez de bien tailler, de bien palisser sa vigne, il faut encore en assurer la production; c'est le but cherché, c'est la rémunération de nos peines, c'est la satisfaction, la joie du viticulteur; mais il lui reste beaucoup à faire avant d'arriver là : son intelligence va être mise à l'épreuve dans les soins qu'exige la vigne pendant toute la saison estivale et jusqu'aux vendanges; procédons avec ordre.

Soufrage. — La végétation s'annonce, le fruit apparaît ; c'est le moment de procéder au premier soufrage préventif; opération simple et prompte en ce moment, les pampres étant encore peu développés. — Les femmes sont ordinairement chargées de ce travail, — une femme, armée du sablier que j'ai recommandé dans le temps (1),

(1) Ces sabliers se trouvent chez le ferblantier Musso, près de l'église Saint-Jacques, rue de la Poissonnerie.
Le soufre trituré, chez M. A. Boude, rafineur de soufre à Marseille.

peut soufrer un demi-hectare par jour : 20 kilog. de soufre trituré, par hectare, sont suffisants pour ce premier soufrage.

Ebourgeonnage. — Généralement, on se hâte trop à faire l'ébourgeonnage; on y procède dès le début de la formation du fruit, cela nuit au développement de celui-ci. Cette opération fort importante ne doit avoir lieu qu'au début de la floraison, et même pendant la floraison : elle a pour but de favoriser le développement des bourgeons fructifères, en débarrassant le cep des gourmands et des pampres inutiles qu'il porte, — mais il faut éviter, comme on le fait d'ordinaire, d'arracher ces productions; on fait au cep, en agissant ainsi, des plaies souvent difficiles à cicatriser et qui nuisent à la fructification; mieux vaut *couper* ces productions avec une bonne serpette, cela ne demande pas plus de temps que l'arrachage.

On attendra donc pour ébourgeonner que la vigne soit bien en fleur.

Deuxième soufrage. — Aussitôt l'ébourgeonnage fait, il convient de donner le deuxième soufrage, que j'appellerai encore préventif, car il est bien rare qu'à cette époque l'oïdium ait fait son a pparition. Ce second soufrage sera un peu plus long que le premier, et exigera la plus grande attention de la part de l'opérateur; pas une grappe ne doit être oubliée; le sablier doit aller la chercher dans l'endroit le plus caché, aidé qu'il est dans cette recherche par la main gauche de l'opérateur, qui demeure toujours libre pour ce travail, grâce au sablier qui n'exige qu'une main pour son emploi; avantage que n'offre pas le soufflet qui nécessite l'emploi des deux : Ce second soufrage emploiera 40 kilogr. de soufre, toujours par hectare.

Pinçage. — Presque en même temps que ce deuxième soufrage, si la végétation a marché convenablement, a lieu le pinçage. Cette opération, la plus importante peut-être de toutes, consiste à supprimer avec l'ongle du pouce et l'index l'extrémité herbacée de tous les rameaux portant fruit, trois feuilles au-dessus de la dernière grappe si la branche porte deux grappes, au-dessus de la sixième feuille si la branche ne présente qu'un seul fruit. La sève ainsi arrêtée dans son ascension passe toute au profit des grappes et contribue puissamment à leur développement.

Palissage. — C'est encore le moment de procéder au palissage, c'est-à-dire d'attacher avec un brin d'osier, sur le deuxième fil de fer, les branches fruitières arrivées à cette hauteur; quant à celles en retard, on les surveillera pour les accoler à leur tour quand elles auront atteint la hauteur voulue.

Mais pour le pinçage, comme pour le palissage, on ne saurait assigner une époque fixe pour leur exécution, elle est subordonnée à la marche de la végétation, et partant très-facile à saisir : le pinçage s'opère *aussitôt qu'apparaît* la troisième feuille ou la sixième; le palissage, dès que les rameaux à fruit arrivent à la hauteur du deuxième fil de fer et peuvent être liés; que ce soit avant ou après le pinçage, l'important est de le faire le plus tôt possible afin de mettre les rameaux à fruit à l'abri de tout accident.

Quant à la branche à bois, on ne doit pas y toucher encore; il suffit, pour favoriser le développement de ses pousses, de les palisser verticalement le long du tuteur sans trop les serrer dans leurs liens, surtout dans ceux du bas; mais quand ces pousses auront dépassé leur échalas et qu'elles atteindront 1 mètre à 1m30, elles seront rognées d'un coup de serpette à la hauteur de l'échalas; mais ce rognage n'aura lieu, toutefois, qu'*après la floraison* et *jamais avant*, quelle que soit la végétation de ces branches.

Ce palissage terminé on donne un second binage, toujours superficiel comme celui qui a été donné après la taille sèche ou d'hiver. Après le premier pincement, les faux bourgeons ou entre-cœurs ne tardent pas à s'élancer; il faut les surveiller, et tout aussitôt qu'ils ont développé leur deuxième feuille les rabattre sur la première. Le bourgeon terminal des branches fruitières se sera, lui aussi, développé; il devra être pincé à deux feuilles.

Là finit le pinçage des rameaux à fruit; ils sont livrés ensuite à eux-mêmes jusqu'à la récolte. Quant à la branche à bois, tous les faux-bourgeons qui se sont développés sur ses deux pousses, depuis le premier rognage, seront rognés, savoir : tous ceux de la partie supérieure à une feuille, tous ceux de la partie inférieure à deux feuilles, et si de nouveaux faux-bourgeons apparaissent encore, ce qui est fort probable chez une jeune vigne, ils seront, comme les premiers, pincés à une ou deux feuilles, suivant leur position, et ainsi de suite jusqu'à extinction de la végétation.

Binages. — Rien n'entretient la santé de la vigne et n'assure une bonne fructification comme les fréquents binages. L'herbe, comme tout végétal étranger, est un parasite vivant aux dépens de la vigne, il faut vite l'en débarrasser. Et puis les binages sont d'une exécution si prompte, si facile dans notre mode de culture, qu'il ne faut pas en être économe; et si les trois indispensables, savoir : le premier après la taille sèche, le deuxième en juin, le troisième en août, ne suffisent pas pour tenir la terre propre, je voudrais qu'on en donnât un plus grand nombre; l'herbe tue la vigne, les binages donnent du vin.

Troisième soufrage. — L'oïdium fait ordinairement son apparition vers la fin de juin, et tombe parfois comme la foudre ; il ne faut pas s'en effrayer, mais recourir vite à son sablier et soufrer copieusement, non-seulement les ceps atteints, mais encore tous les autres, ce qui veut dire que le sablier ne doit se reposer que quand il n'y a plus de trace de maladie.

Il arrive souvent que les deux premiers soufrages préventifs ont enrayé le mal, et que le mois de juin s'est bien passé; c'est égal, ne nous endormons pas dans une sécurité trompeuse ; avec son air bénin, l'oïdium cherche à nous surprendre peut-être ; ainsi tout aussitôt que la *veraison* s'annonce, il importe de donner le troisième soufrage, qui ne saurait dispenser, en outre, de cette surveillance incessante que l'on doit exercer dans sa vigne ; je l'ai dit, l'oïdium est trompeur, il faut s'en défier jusqu'à la mise en cuve de la récolte.

Effeuillage. — Huit ou dix jours avant les vendanges, il sera bon d'enlever quelques feuilles pour donner de l'air et de l'insolation aux raisins; la maturité en sera plus parfaite, surtout si le temps s'est un peu refroidi, comme cela a souvent lieu à cette époque de l'année ; mais cette opération doit être faite avec discernement, elle ne doit jamais être trop rigoureuse, on s'exposerait à la brûlure, il faut se borner à enlever les feuilles du centre des ceps, et à découvrir légèrement, et peu à peu, les raisins, en ayant soin de laisser au moins cinq à six feuilles dans le haut de chaque sarment. Ici finissent les travaux de la deuxième année; s'il y a eu des raisins, il ne reste plus qu'à les porter à la cuve.

CHAPITRE VIII

3me année

Soins à donner à la jeune vigne dans le cours de cette troisième année.

Les ceps ont pris de la force, ils sont bien constitués; la branche à fruit sera donc allongée en proportion de la force nouvelle du cep. Ainsi, les branches taillées à la deuxième année à 50 centimètres seront portées à 75 centimètres, si la végétation de ces branches a suivi son cours normal; celles de 40 centimètres à 50 ou 60, ainsi de suite. Mais, je le répète, toujours en consultant la force du cep ; car vouloir trop lui demander, ce serait le fatiguer, et peut-être l'épuiser, ce qu'il faut éviter par tous les moyens possibles.

Quand aux ceps qui étaient en retard l'an dernier, et qui n'avaient pas fourni de branches à fruit, ils doivent être assez développés aujourd'hui pour en donner une de 30 à 40 centimètres.

Si quelques remplacements étaient encore nécessaires cette année, ils seraient faits à l'automne, en plants très-vigoureux, pris dans notre pépinière de remplacement et entourés de beaucoup d'engrais, comme je l'ai dit pour ceux de la deuxième année, afin de les faire arriver en peu de temps au même développement que les autres.

Les binages, les soufrages, les pinçages, tous les soins enfin et toutes les façons, donnés dans le cours de la deuxième année à notre vigne, seront répétés dans le cours de celle-ci et des suivantes. Je n'y reviendrai donc pas, ce serait me répéter inutilement.

A la quatrième année seulement, toutes les branches à fruit doivent atteindre leur longueur maximum d'un mètre pour ne plus la quitter, à moins de perturbation imprévue dans la végétation ou d'accidents arrivés aux ceps, choses auxquelles l'intelligence du viticulteur saura remédier, s'il s'est bien pénétré des préceptes contenus dans ce petit Traité.

Fumure. — La vigne ne se maintiendra fertile qu'autant qu'on lui rendra en fumier ce qu'elle aura dépensé en production. Si vous êtes avare envers elle, attendez-vous à la voir avare envers vous ; c'est la peine du talion qu'elle vous impose, vous ne pouvez lui en vouloir.

Dès cette troisième année, une fumure est donc indispensable ; mais elle sera proportionnée à la nature du sol. Ainsi, pour un terrain riche, de première qualité, *un demi-kilogramme* par cep de bon fumier d'étable suffira ; pour les terrains médiocres 1 kilogr., et dans les terrains pauvres ou mauvais 2 kilogr. ne seront pas de trop. Ce qui fait, suivant le cas, 5,000 kilog., 10,000 kilogr. et 20,000 kilogr. par *hectare*, moins que pour la culture du blé.

Opération. — Le fumier ne doit pas être mis au pied des ceps, comme cela se pratique dans beaucoup de localités, mais bien au milieu des lignes.

On ouvrira en conséquence entre les lignes, à la houe, ou mieux au bident, un sillon profond de 25 à 30 centimètres, dans lequel sera régulièrement déposé le fumier, qui sera piétiné, puis recouvert immédiatement avec la terre sortie du sillon.

C'est en novembre et en décembre que cette opération doit être faite dans les contrées méridionales ; plus tard, les pluies pourraient faire défaut pour dissoudre les sels et l'humus contenus dans le fumier, qui alors sécherait en pure perte ou à peu près.

Chaque année, et toujours de bonne heure, une fumure semblable sera donnée à la vigne, et dans les mêmes conditions que ci-dessus.

La tâche que je m'étais imposée est finie; aurai-je été assez clair pour tous? Je dois en douter; je m'empresse donc de déclarer ici que je suis à la disposition de quiconque aurait besoin de plus de développement dans les questions traitées dans ce petit opuscule.

A bientôt un Traité très-succinct sur la vinification, ou l'art de faire le vin, complément indispensable de celui de la culture de la vigne.

Nice. — Typ. V.-Eugène GAUTHIER et Ce, descente de la Caserne, 1.

www.ingramcontent.com/pod-product-compliance
Ingram Content Group UK Ltd.
Pitfield, Milton Keynes, MK11 3LW, UK
UKHW021816190726
13853UKWH00003B/1018

9 782329 586489